AF326202

L'AGRICULTURE FRANÇAISE

L'ANNÉE 1865

L'AGRICULTURE FRANÇAISE

L'ANNÉE 1865

PAR

L. VILLERMÉ

Extrait du CORRESPONDANT

PARIS

CHARLES DOUNIOL, LIBRAIRE-ÉDITEUR

29, RUE DE TOURNON, 29,

1865

L'ANNÉE 1865

Ce n'est pas sans un profond sentiment de tristesse que nous prenons la plume pour résumer l'histoire de l'agriculture française pendant l'année 1865. Nous n'avions pas voulu, dans notre compte rendu de l'an dernier [1], avouer tout ce que nous savions déjà. Aujourd'hui nous ne pouvons plus nous taire, car le mal est considérable, le danger plus grave encore, et les plaintes de ceux qui sont atteints retentissent de toutes parts.

Le discours du trône de 1865 avait reconnu combien étaient grandes les souffrances de notre agriculture, et l'Adresse du Corps législatif a déclaré que « l'état de choses actuel, même passager, devait paraître une raison nouvelle de chercher avec sollicitude tout « ce qui pourrait être réalisé d'améliorations en faveur de nos populations agricoles, si laborieuses, si modestes et si dévouées. » Or, l'intensité de cet état de choses persiste toujours. Rien n'en laisse prévoir la fin prochaine. Quelle est donc la situation qui s'impose avec un tel retentissement? Quelles sont les causes de la crise dont tout le monde se préoccupe?

Lorsque la phrase que nous venons d'emprunter à l'Adresse de 1865 fut soumise au vote du Corps législatif, l'honorable M. d'Andelarre accusa « la nouvelle législation relative à la production et à la « consommation des céréales, la législation relative aux alcools et la « rareté de main-d'œuvre qu'entretient le développement de nos tra- « vaux publics. » Un autre député, l'honorable M. Guillaumin, ex-

[1] *Le Correspondant*, n° du 25 janvier 1865.

prima le regret « que l'agriculture française n'ait pas à sa disposition
« les institutions de crédit, les instruments de travail et les voies de
« communication dont elle aurait besoin pour activer son développe-
« ment. » Il réclama également pour elle une part plus large dans
l'administration centrale « avec entrée au Conseil d'État. » Survint
ensuite l'honorable M. Darblay qui, lui, conseilla plutôt « l'abaisse-
« ment des tarifs des chemins de fer, pour tous les produits agricoles
« et les engrais;

    « La suppression de la surtaxe sur le guano;

    « La suppression des droits sur les canaux et rivières;

    « L'encouragement de la culture de   betterave, par l'autorisation
« du vinage dans toute la France, au droit réduit de 20 francs pour
« les alcools employés à cet usage. »

    Enfin, l'honorable M. de Chiseuil, agriculteur tout comme MM. Dar-
blay, Guillaumin et d'Andelarre, nia que l'abaissement du prix des
grains fut un malheur réel, et il accusa seulement le manque de bras
dans les campagnes, en sollicitant « une diminution du contingent
« annuel de l'armée » pour remédier à ce qui est, selon lui, la plus
grande sinon l'unique cause des souffrances dont on se plaint.

    Les points de vue différents où se placent les auteurs de ces obser-
vations expliquent de telles divergences. Au lieu d'embrasser la
question dans son ensemble, chacun d'eux examine surtout la face
particulière vis-à-vis de laquelle il se trouve. Aussi beaucoup de personnes demandèrent-elles avec instance qu'une enquête, fixant les
esprits sur ces graves problèmes, fût ouverte bientôt pour rechercher
en même temps d'où vient le mal et d'où pourra venir le remède.
Un grand nombre d'associations agricoles ont pris part à ce mouve-
ment.

    Il avait également été parlé d'une enquête dans le sein du Corps
législatif; mais le gouvernement ne parut pas alors en admettre
l'opportunité. A défaut de l'administration, la Société centrale d'a-
griculture et le Congrès libre des Sociétés savantes finirent par adres-
ser à leurs propres membres un questionnaire minutieusement éla-
boré auquel on a déjà répondu à l'heure qu'il est.

    Les choses en étaient là lorsque le discours du trône de 1866
annonça tout à coup que l'Empereur jugeait « utile d'ouvrir une
« sérieuse enquête sur l'état et les besoins de l'agriculture. » La
mesure refusée en 1865 aura donc lieu en 1866. On consultera nos
cultivateurs. Votre industrie souffre, leur dira-t-on. De quoi souffre-
t-elle, et que nous demandez-vous? — Ce que nous demandons, ré-
pondront sans doute plusieurs d'entre eux, c'est qu'après avoir détourné de nous les capitaux en les sollicitant par trop d'emprunts
successifs et en les laissant solliciter par toutes sortes de compa-

gnies, sérieuses ou d'agiotage, françaises ou étrangères, vous aidiez
à leur retour vers l'industrie rurale. C'est qu'après avoir brusquement détourné de nous la main-d'œuvre et l'avoir fait brusquement
renchérir par le développement fiévreux des travaux des villes,
vous aidiez nos enfants à garder l'amour de leurs villages. C'est,
enfin, que vous ne favorisiez par aucune mesure le goût excessif
du luxe et des subites fortunes, car ce goût-là s'accommode mal
de nos durs travaux et de nos modestes bénéfices.

Ainsi diront bien des hommes que nous connaissons. Et, quoique l'Empereur ne cite dans son dernier discours que l'avilissement
du prix des céréales, toutes les autres questions seront agitées dans
l'enquête promise ; peut-être même trop de questions à la fois.
N'importe ! La vérité saura bien se faire jour. Aussi, nous en sommes convaincu comme l'Empereur, « l'enquête confirmera les prin-
« cipes de liberté commerciale, offrira de précieux enseignements,
« et facilitera l'étude des moyens propres, soit à soulager les souf-
« frances locales, soit à réaliser des progrès nouveaux. » Du reste,
le mal qu'il s'agit de sonder ne fatigue pas exclusivement l'industrie
agricole. Ces épreuves difficiles sont presque générales. Elles sont la
conséquence des révolutions économiques parfois très-justes, parfois
discutables, le plus souvent beaucoup trop rapides dont nous sommes
les acteurs et les témoins. Ni l'agriculture, ni les autres intérêts
respectables du pays ne doivent donc espérer une ère de longue prospérité avant que soient rendus possibles et définitivement acquis
la base et les moyens de tout progrès durable : l'économie, la paix,
la confiance et une entière liberté. Fasse Dieu que cette heure-là
sonne bientôt pour nous qui avons déjà vu tant de bouleverse-
ments et qui, néanmoins, ne sommes pas sûrs de n'en plus voir
encore.

Quoi qu'il en soit des causes de la crise que nous traversons, toutes
nos provinces et toutes nos cultures ne sont pas également atteintes.
Il faut même reconnaître que les souffrances actuelles sont survenues
après plusieurs années de brillants bénéfices et d'incontestables progrès dont témoignent les nombreuses dépenses faites dans nos campagnes pendant ces derniers temps. Mais l'avenir ! quel sera-t-il ?
Bien imprudent serait-on d'oser augurer à cet égard une opinion
formelle. On peut cependant supposer que le nouvel état économique
de notre propriété rurale sera plus particulièrement favorable aux
ouvriers de la ferme et aux petits cultivateurs qui vivent sur leur
propre domaine. L'ouvrier a pour lui la grande élévation du salaire
(ce qui ne devient un mal que dans le cas où cette élévation est ren-

due excessive par des coalitions, car l'amélioration du sort des ouvriers dans les campagnes peut seule aider à les y retenir). Le petit propriétaire, consommant la majeure partie de sa récolte et remplaçant la main-d'œuvre étrangère par son travail et celui de sa famille, souffre peu du prix des grains que notre législation commerciale maintiendra dorénavant assez bas. Quant au fermier, il doit compter avec toutes ces circonstances, et s'il n'obtient pas un bail moins lourd il renoncera à son industrie.

M. le président Caze avait donc raison de dire dernièrement à la Société d'agriculture de Toulouse que le propriétaire foncier ne tarderait pas à voir décroître son revenu net s'il ne prend pas une part quelconque à l'exploitation de la terre. Oui, cela est vrai; le propriétaire qui n'exploite pas et par conséquent le grand propriétaire sont aujourd'hui le plus menacés. S'ils restent étrangers à la ferme, leur rente diminuera. S'ils veulent cultiver par eux-mêmes, ils auront à lutter contre la cherté et l'insubordination de la main-d'œuvre; si bien qu'ils n'auront souvent d'autre parti à prendre, j'entends de parti raisonnable, que la transformation des champs en pâturages partout où cela est possible, et le remplacement des hommes par des animaux ou par des machines. M. Troplong écrivait déjà en 1848, à propos de la propriété d'après le Code civil : « Il y a beaucoup de départements où les fermes disparaissent, et où ce sont les fermiers qui les achètent, possédant désormais pour eux-mêmes ce qu'ils possédaient auparavant pour autrui. Dans ces contrées, quiconque ne cultive pas pour soi ne saurait trouver des fermiers qu'à des conditions si désavantageuses, que la propriété devient un fardeau ruineux. Que fait alors le propriétaire? Il vend sa ferme en détail, et les cultivateurs, qui n'en voulaient pas à titre de bail, se précipitent en foule pour acheter le fonds à des prix élevés. Ainsi disparaissent tout à la fois et la ferme et le propriétaire non cultivateur de cette ferme. »

Certes, nous sommes loin de nous effrayer. Nous nous rassurons en songeant que le jeu naturel des intérêts privés saura bien, là où il le faut, mettre une limite à la pulvérisation du sol. Toutefois nous n'estimons pas sans certains dangers la tendance actuelle. Elle est, je ne dirai pas hostile, mais défavorable au grand propriétaire rural. Or le rôle de ce dernier n'est point à dédaigner dans les temps d'épreuve et de maladies, dans les moments de chômage, dans la marche suivie par le progrès agricole. Il est bon que les hommes d'une éducation supérieure ne se fassent pas étrangers à nos campagnes dont, s'ils venaient à disparaître trop, nous verrions s'abaisser le niveau moral. Ce danger semble s'accentuer davantage depuis quelques années. Aussi plusieurs personnes inclinent-elles à croire qu'il conviendrait de soumettre à d'autres lois la transmission du sol, comme celle de toutes les propriétés.

Il ne s'agirait de rétablir, ni le droit d'aînesse, ni les majorats, ni les substitutions. Il ne s'agirait pas non plus de rendre aux biens de mainmorte des facilités à tout jamais perdues. D'après les explications qu'ont fournies l'honorable M. de Veauce et les autres signataires d'un amendement repoussé en 1865 par le Corps législatif, il s'agirait seulement « d'apporter à nos lois de succession des modifications favorables à l'extension des droits du père de famille. » Au point de vue moral nous avons peu de chose à dire de cette proposition ; nous l'acceptons même dans une limite qu'il resterait à définir, car les droits de l'enfant ne peuvent pas être non plus oubliés par nous. Au point de vue politique nous nous bornons à répéter ce que M. Cochin écrivait ici dernièrement : « il n'y a pas loin de l'inégalité dans la famille à l'inégalité dans la société ; on craint donc que l'inégale répartition des biens ne reconduise tout doucement à l'inégale répartition des droits.[1] » Au point de vue agricole enfin nous croyons que l'on confond un peu trop la division de la propriété et le morcellement des parcelles qui la composent.

Dès avant la Révolution Turgot, le marquis de Mirabeau, Arthur Young signalaient aussi les prétendus ravages de la subdivision du sol. Depuis lors le mal aurait dû s'aggraver. Loin de là, notre richesse immobilière a pris un développement considérable. Il serait certainement très-fâcheux d'en arriver à la pulvérisation dont on a signalé certains exemples regrettables. Mais nous sommes convaincus que les relevés dont s'occupe actuellement l'administration des finances, dans le but de constater l'état de la propriété foncière sous le rapport du morcellement, démontreront l'exagération des plaintes soulevées à cet égard. Un travail analogue se termine dans le département de l'Yonne, l'un de ceux, avec le département de la Creuse, où la subdivision de la propriété paraît avoir atteint les plus fortes proportions. Il en résulterait qu'aujourd'hui encore la grande, la moyenne et la petite propriété se partagent par portions à peu près égales la superficie imposable. Il est donc inutile, selon nous, de prolonger une discussion à laquelle manquent les premiers éléments. Néanmoins nous serions bien surpris si la statistique annoncée ne venait pas laver le Code civil des reproches qu'on lui adresse et prouver que, loin de nuire, ce code tend plutôt à enrichir le pays.

Ce qui mérite beaucoup plus une réforme complète, c'est notre système de lois fiscales. Celles-ci deviennent, dans un grand nombre

[1] *Le Correspondant*, n° du 25 mai 1865

de petites successions, tout à fait ruineuses. Aussi avons-nous appris avec un vif plaisir qu'une commission siégeait au ministère de la justice et s'y occupait depuis quelque temps, dans le sens économique, dans un sens favorable aux petites propriétés, de la révision de notre code de procédure. Ces modifications et toutes celles qui tendront à faciliter la réunion des parcelles nous semblent préférables pour l'agriculture aux mesures radicales qui ont été si justement repoussées par la Chambre.

En attendant l'avenir incertain que la Providence nous destine, étudions le présent, sur lequel on nous permettra de jeter un rapide coup d'œil. Trop de choses touchent aux intérêts agricoles pour que nous puissions approfondir ce qui concerne chacune d'elles. Et puis, pourquoi ne pas l'avouer? on n'a guère l'esprit enclin à parler ou à écrire longuement lorsqu'on se trouve en présence des misères si grandes dont nous sommes témoins.

La France agricole n'a pas perdu, en 1865, moins d'hommes distingués qu'en 1864. Citons, parmi les plus connus, M. Bixio, ancien ministre, fondateur du *Journal d'agriculture pratique* ; M. Lemaire, député de l'Oise ; M. Paul Malingié, directeur de la ferme-école de la Charmoise ; M. de Saint-Priest, de l'Ardèche ; M. Prince, directeur de l'École vétérinaire de Toulouse ; et M. Vicaire, directeur général de l'administration des forêts. Nous voudrions sans doute en rappeler également plusieurs autres; mais comment nommer tous les pionniers du progrès agricole dont nous devons regretter la mort?

Le bas prix du blé a soulevé, en 1865, comme en 1864, les plus vives doléances. Ni les explications fournies au Corps législatif par le gouvernement, ni les circulaires du ministre de l'agriculture et du commerce, ni les notes du *Moniteur*, ni les comptes rendus de l'administration des douanes n'ont pu calmer l'esprit de la plupart des cultivateurs. On a beau montrer que le chiffre de sortie des grains dépasse le chiffre de leur entrée dans une proportion considérable[1]; on a beau rappeler le bas prix des céréales sur tous les marchés étrangers et les prix de certaines années antérieures à l'abolition de

[1] *L'Exposé de la situation de l'Empire* nous donne le tableau des exportations et des importations de froment pendant les onze premiers mois de l'année 1865.

Il en résulte que, déduction faite de notre commerce spécial avec l'Algérie qui est terre française, notre exportation de froment *français* dépasse de 2.670.500

l'échelle mobile; on a beau prouver que les cours ne peuvent pas être élevés quand l'accroissement de la consommation (lequel dépend principalement aujourd'hui d'un accroissement préalable de la population) ne suffit pas à compenser la plus grande abondance de nos récoltes! Notre nouveau régime commercial n'en reste pas moins l'objet des plus ardentes colères, comme s'il était la principale cause du mal. Cela n'est pas. Mais, cela serait-il, nous aurions encore à nous soumettre bravement, car l'avenir appartient au libre échange comme à toutes les libertés. Il serait d'ailleurs triste, pour ne pas dire immoral, que l'agriculture ne pût prospérer que grâce à la cherté des subsistances ou à l'insuffisance du salaire. Il convient donc de modifier les anciens errements de nos campagnes plutôt que nos tarifs. Dorénavant la surface consacrée au blé doit être restreinte, et le fermier diminuera ses frais de production par hectolitre en augmentant le rendement par hectare. Avouons, toutefois, que le régime actuel des *acquits de mouture* donne lieu à des plaintes que l'on ne saurait écarter toujours. Il ne s'agit pas seulement des issues de blé étranger fournies sans droit de douane à notre consommation. Le commerce des acquits vendus par les meuniers du Nord aux importateurs du Midi fausse dans une certaine mesure le jeu naturel des choses. Aussi espérons-nous voir remédier, par suite de l'enquête promise, à l'abus dont on se plaint dans plusieurs de nos départements.

Les bas prix deviennent surtout ruineux quand le fermier est obligé de vendre à certaines époques fixes, malgré la baisse subie alors par les cours. Comment, en effet, transformer son blé en argent sans recourir à la vente? Comment, d'ailleurs, le conserver longtemps sans l'exposer aux attaques des parasites et à mille autres causes d'altération? Si cette dernière difficulté était surmontée, la première serait vite résolue par l'initiative d'une foule de négociants. A Chicago, dans l'Amérique du Nord, il existe d'immenses docks connus sous le nom d'*élévateurs,* où tout le monde peut déposer son blé. On délivre au déposant un certificat qui constate la qualité et la quantité de sa marchandise, et ce certificat permet au producteur de trouver par le crédit les avances dont il a besoin. M. le docteur Louvel a imaginé un système de conservation des grains, des farines et des biscuits de marine qui est basé sur l'emploi de cylindres en tôle dans lesquels on fait le vide à l'aide d'une pompe après l'introduction du grain. Une commission composée d'hommes spéciaux avait été

quintaux environ notre importation de froment *étranger*. Et il n'est pas parlé des grains autres que le blé, lesquels ont également donné lieu à une exportation de beaucoup supérieure à leur importation

instituée sous la présidence du maréchal Vaillant pour examiner les
procédés du docteur Louvel ; et cette commission vient de terminer
ses longs et consciencieux travaux par un rapport singulièrement
favorable. Les cylindres de M. Louvel nous semblent, en effet, faciliter
la solution du problème, et nous ne désespérons pas de les voir
adoptés bientôt, non-seulement par des compagnies d'*élévateurs*
comme à Chicago, mais aussi par de simples cultivateurs à qui de
tels engins pourraient rendre économiquement les meilleurs services.

Quelque triste que soit la situation des producteurs de céréales,
celle de notre industrie séricicole est plus déplorable encore. Jamais
ses misères, bien grandes depuis longues années, n'ont été aussi
affligeantes qu'en 1865. Autrefois, la production normale des cocons
en France était évaluée à plus de 100 millions de francs. En 1864,
cette production n'avait pas dépassé 34 millions. En 1865 elle est
infiniment moindre ; et du maigre produit obtenu il faut déduire
plus de 10 millions pour le prix d'achat des graines demandées à
l'étranger !

Une pétition signée de 3,574 maires, conseillers municipaux et
propriétaires fonciers des départements de l'Ardèche, du Gard, de
l'Hérault et de la Lozère a exposé au Sénat la situation pénible dans
laquelle se trouvent les sériciculteurs. Les plaintes des intéressés ont
également été traduites devant le Corps législatif par l'honorable
M. Fabre, et un rapport du ministre de l'agriculture et du commerce
les a signalées à l'empereur en juillet dernier. Depuis lors on a
nommé une commission « dont les travaux auront pour objet de
rechercher les causes qui ont amené et prolongé la situation actuelle
de l'industrie séricicole ; d'apprécier la valeur des systèmes d'éducation des vers à soie pratiqués en France et à l'étranger; de donner
son avis sur les effets du grainage industriel et sur ceux du grainage
domestique; enfin d'indiquer les moyens pratiques de secourir
l'industrie séricicole et de lui rendre son ancienne prospérité. »

Une commission avait déjà été nommée au début de l'invasion de
la pébrine et cette première commission avait conclu à l'état sain
des mûriers. Cette année-ci un habile chimiste, M. Pasteur, a cru
pouvoir affirmer que la pébrine remontait à un état maladif des
chrysalides. La nouvelle commission ira-t-elle plus loin? Les lumières
des hommes qui la composent sont assez grandes pour inspirer
beaucoup de confiance ; mais Dieu livrera-t-il son secret ? S'il en est
de la pébrine comme de tant d'autres maladies contre lesquelles la
science reste désarmée; et si l'on songe que le fléau a fini par envahir

une partie de l'Asie, après avoir frappé successivement toutes les contrées séricicoles de l'Europe à mesure que le commerce allait leur demander les graines dont nous avons besoin, il y a lieu de s'effrayer de l'avenir. Le grainage industriel est, en effet, accusé par beaucoup de personnes de favoriser le développement de la pébrine dans tous les centres où on le pratique. Les graines de vers à soie du Japon introduites par la Société d'acclimatation étant les seules qui aient réussi en 1865, le commerce va sans doute demander au Japon de telles quantités de graines que ce pays se livrera, à son tour, à l'industrie du grainage. Voilà donc notre ressource d'aujourd'hui qui va peut-être, demain, se trouver aussi compromise. Or, dans ce cas-là, comment échapper à la ruine?

On avait fait grand bruit, en 1865, d'un procédé proposé au gouvernement français par un sieur Onesti, de Vicence. Ce procédé devait guérir les vers à soie malades et assurer la récolte des cocons. Une somme de 500,000 francs était allouée à l'inventeur de cette méthode ; mais il ne pouvait la toucher qu'après constatation d'une entière réussite. Le chiffre était beau pour M. Onesti. Cependant l'affaire eût été plus belle encore pour nos départements séricicoles. Malheureusement le prétendu remède est resté inefficace, et la commission chargée d'en poursuivre les essais a fait au ministre de l'agriculture et du commerce un rapport en suite duquel le traité intervenu vient d'être annulé.

En attendant que la science ou le hasard fasse découvrir quelque remède sérieux, le mal continue ses ravages, les centres séricicoles s'appauvrissent, la propriété foncière se déprécie dans une proportion considérable. Aussi le gouvernement a-t-il décidé qu'il serait accordé aux propriétaires de plantations de mûriers dans les départements séricicoles le dégrèvement de l'impôt foncier afférent au revenu perdu, en 1865, par suite du manque de la récolte des cocons. A en juger d'après la marche suivie jusqu'à ce jour par la pébrine, cette faveur ne tardera pas à devenir pour beaucoup de localités un acte de simple justice.

Les vers à soie ne sont pas les seuls animaux domestiques dont l'état sanitaire laisse à désirer. Les poules ont été frappées dans un certain nombre de fermes par une épizootie attribuée à l'influence du choléra et qui a exercé sur ces pauvres bêtes les plus grands ravages. Les poissons de la Seine et de plusieurs autres rivières, comme ceux des lacs du bois de Boulogne, ont également été les victimes d'un fléau inconnu. Les chats ont été atteints à leur tour. En Angleterre, depuis plusieurs semaines, une épizootie pernicieuse en

lève un grand nombre de ces animaux. Le porc lui-même, cet animal
si utile, commence à souffrir d'une altération morbide dont nous
nous effrayons d'autant plus que sa chair devient alors mortelle
aux hommes qui en font usage. Il est vrai, l'on n'a encore observé
la *trichinose* que dans un coin de l'Allemagne. Mais, après avoir sévi
à Hedersleben, la trichinose vient d'envahir plusieurs villages saxons,
sur les frontières de la Bohême. Peut-être cette terrible affection
s'introduira-t-elle en France, soit avec des porcs malades, soit avec
de la viande infectée de dangereux embryons? La trichine est un ver,
singulièrement petit, qui se développe dans le corps du cochon et
paraît résister à la coction dont on se contente pour plusieurs prépa-
rations culinaires, du moins dans certains pays. Il faut, pour la dé-
truire, une température qui ne laisse rouge aucune partie des chairs.
Une fois absorbée par l'homme, la trichine se multiplie, exerce ses
ravages, et finit par donner la mort. Nous connaissions déjà la
ladrerie, nous ne connaissions pas la trichinose. L'hygiène publique
fera cependant bien de s'en préoccuper, car le nombre des victimes semble augmenter en Allemagne; et nos relations avec les
pays d'outre-Rhin sont assez étendues pour qu'on doive craindre une
invasion de ce genre.

Enfin peu s'en est fallu que le typhus contagieux des bêtes
bovines ne vînt compléter nos épreuves. Des animaux, embarqués
au port de Revel en Finlande et débarqués dans les docks de la
Tamise, avaient importé cette terrible maladie en Angleterre dès
le mois de juin dernier. La peste bovine n'a qu'un centre d'origine :
les steppes de certaines provinces russes et hongroises. Elle y reste
ordinairement confinée, grâce au cordon sanitaire maintenu très-
sévèrement par les gouvernements voisins autour du foyer d'infec-
tion. Ce sont presque toujours les invasions des armées du nord de
l'Europe qui communiquent la contagion aux pays de l'Occident.

Cette fois, le commerce, en tournant l'Allemagne et la surveillance
allemande pour accroître ses profits, a introduit le mal en Angleterre
où la peste bovine avait déjà exercé de désastreux ravages dans le
cours du dix-huitième siècle. Éminemment contagieuse, portée d'é-
table en étable, d'herbage en herbage, non pas seulement par les
animaux atteints, mais encore par leurs fourrages, par leurs fumiers, par les vêtements de leurs gardiens, l'épizootie n'a pas tardé
à se répandre au loin. Un grand nombre de fermiers anglais ont été
ruinés. Puis est venu le tour de l'Écosse, puis celui de la Hollande et
de la Belgique. Au mois de septembre, le fléau commençait à s'in-
troduire en France quand les mesures les plus sévères furent prises
par l'administration. On fit ce que l'Angleterre aurait dû faire dès
l'origine: on sacrifia sans pitié tous les animaux atteints et tous les

animaux suspects. On a enfoui leurs dépouilles, détruit tout ce qui venait d'eux, pour ainsi dire tout ce qu'ils avaient touché. Cette mesure radicale est, en effet, la seule à prendre contre une maladie semblable.

On se croyait donc en sûreté et l'on commençait à trouver fort ridicule la fausse alerte survenue dans le département des Basses-Pyrénées quand, tout à coup, en décembre, le typhus contagieux envahit le Jardin d'acclimatation du bois de Boulogne. Il y avait été introduit par deux gazelles importées d'Angleterre et n'avait pas tardé à causer la mort de trente-cinq animaux[1]. Les mesures prudentes de surveillance et de sûreté prises déjà par notre administration relativement aux animaux de l'espèce bovine furent, par suite de cet événement, étendues à tous les quadrupèdes autres que le cheval, l'âne, le mulet et le chien. Leur importation par les frontières menacées, ou en provenance des pays atteints, fut absolument interdite ainsi que celle de leurs dépouilles. Grâce à ces précautions rigoureuses, la France n'a pas perdu 50 bêtes bovines[2], tandis que la mortalité causée en Angleterre pendant 1865 par le typhus ou par l'abatage des animaux infectés monterait à plus de 55,000 têtes, et malheureusement cette maladie, loin de décroître, serait encore en voie de progression. Ainsi, dans la dernière semaine de décembre, 7,698 animaux ont été attaqués, sans compter ceux appartenant aux propriétaires qui n'ont pas averti l'administration ; et la mortalité du 13 au 20 janvier 1866 atteignait le chiffre de 10,057 bêtes. L'épizootie a fait également son apparition dans les possessions britanniques de l'Asie ; plus de 3,000 têtes de bétail auraient déjà succombé dans la présidence de Madras.

Si des mesures préventives avaient de même été prises contre le choléra, aurions-nous évité aussi la visite de ce dernier fléau ? Quoi qu'il en soit de la réponse à faire à cette question, qui n'est pas vidée entre les contagionistes et les non-contagionistes, je n'hésite pas à avouer mes inquiétudes en présence de toutes les épreuves qui frappent notre agriculture. Plusieurs de nos végétaux utiles sont malades ; plusieurs de nos animaux domestiques sont malades ; les hommes sont malades en même temps ! serait-ce donc la colère de

---

[1] Les faits survenus au Jardin d'acclimatation prouvent que plusieurs espèces d'animaux, de genres et de familles différents, parmi ceux de la classe des mammifères, peuvent être atteints du typhus contagieux. La maladie a, en effet, frappé 12 bœufs, 9 chèvres, 5 antilopes, 3 cerfs, 2 chevrotains, 2 sangliers. Cette triste expérience doit donc rendre encore plus redoutable à nos yeux le typhus contagieux des bêtes bovines.

[2] Dans ce nombre ne figurent pas les animaux perdus par le Jardin d'acclimatation.

Dieu qui se manifesterait sous toutes les formes? Je n'affirme rien ;
mais qui oserait prétendre que le doigt de Dieu ne peut pas être là?

La Société d'acclimatation n'a pas à se louer de l'année 1865. Dès
avant l'introduction du typhus contagieux au jardin du bois de Boulogne, elle avait vu périr tous les lamas entretenus dans les Vosges,
sur la propriété de M. Galmiche. Un nouveau venu avait importé
dans les écuries de M. Galmiche une gale qui ne tarda pas à faire
disparaître et lui-même et tous ses pauvres camarades.

On sait que nous attachons peu d'importance à ces prétendues
acclimatations de gros animaux d'un autre monde. Le mouton, devant
qui le lama recule en Amérique, ne reculera pas en Europe devant
le lama, dont la laine s'appauvrit sur notre sol. Le nilgau restera un
animal de ménagerie ou de jardin d'acclimatation, comme l'hémione,
le yak et les autres. Nous sommes convaincu que les efforts sérieux
de l'agriculture doivent se concentrer sur le perfectionnement de nos
vieilles races européennes[1], et sur l'augmentation en nombre des
animaux entretenus dans la ferme. Les animaux de pure fantaisie
nous intéressent donc assez peu. Néanmoins, cet événement est à
nos yeux comme un détail confirmatif de la menace qui pèse sur
tous nos animaux domestiques; et, à ce titre, nous avons dû le signaler. L'accident que nous rappelons avait, d'ailleurs, été annoncé
au public avec des circonstances trop plaisantes pour les pouvoir
oublier. Le même numéro du *Journal d'agriculture pratique* (5 mai
1865) contenait tout à la fois un article assez long où était racontée
et affirmée la complète acclimatation du lama dans les Vosges et
une petite note, venue au dernier moment, où figurait l'extrait mortuaire du troupeau dont on chantait les louanges un peu plus loin.

La science finira-t-elle par pouvoir lutter contre toutes les maladies de nos animaux domestiques, et contre nos maladies propres?
Encore faudrait-il pour cela voir d'abord nos écoles vétérinaires compléter le personnel de leurs professeurs. Alfort, Lyon et Toulouse ont
ouvert dans ce but en 1865 de nouveaux concours qui se sont une
fois de plus fermés sans résultat. Un tel mécompte n'est guère fait
pour fortifier notre espoir.

Nous n'admettons pas que l'homme puisse jamais devenir le maître

[1] Nous avons appris avec plaisir qu'une *Association pour l'amélioration du bétail*
était sur le point de s'organiser dans le but de propager les meilleures races de
nos animaux domestiques. Cette société se proposerait plus particulièrement d'ouvrir
des expositions à la suite desquelles seraient mis en vente les animaux qu'elle aurait
ainsi réunis.

absolu de tout ce qui l'afflige. Son dernier mot n'est pas dit cependant, et il lui reste beaucoup à découvrir. La guérison de la rage serait certainement un des plus heureux succès obtenus dans cet ordre de recherches. Aussi voulons-nous signaler avec reconnaissance les efforts tentés par M. Gayot, pour faire confier à l'école d'Alfort par la Société impériale d'agriculture le soin d'élucider la question du traitement préventif de cette horrible maladie[1]. Des affirmations, émanant de gens sérieux, laissent croire à la possibilité du succès. On serait donc bien coupable de ne pas rechercher jusqu'à quel point ces affirmations sont ou ne sont pas fondées.

Il est impossible, en parlant de nos animaux domestiques, de taire une cause de souffrance, la sécheresse, dont la plupart des cultivateurs ont eu à se plaindre si vivement en 1865. Les fourrages suffiront dans une grande partie du nord-ouest de la France, mais leur récolte a été déplorable presque partout ailleurs. La diminution de bétail nécessitée par cet état de choses entraînera malheureusement une diminution correspondante dans la quantité des fumiers obtenus. Du reste, ce contre-temps ne nous frappe pas seuls. D'autres pays ont subi les mêmes épreuves, notamment la Suisse, où le mal a fini par prendre de telles proportions que, ne pouvant plus nourrir ses animaux, elle a dû en expédier un très-grand nombre sur nos marchés. Les prix de ventes se sont ressenti des arrivages exceptionnels qui ont encore aggravé la situation déjà fort triste de nos cultivateurs.

Malgré ces derniers mécomptes, l'intérêt de la France à tous les points de vue est de développer le plus et le plus tôt possible la production de son bétail. Les difficultés de la main-d'œuvre et le bas prix des céréales rendent ces efforts indispensables. La fertilité du sol en profitera. Ajoutons que la bourse des cultivateurs doit aussi

---

[1] Voici, à ce sujet, un extrait de la note lue par M. Gayot :

« On dit qu'il existe un spécifique contre la rage, et la nouvelle, partie des régions
« de la science, ne doit pas passer inaperçue. Je m'y arrête donc à dessein, et je
« demande à nos honorables confrères d'Alfort de s'y arrêter plus utilement encore,
« afin de rassurer ou d'édifier les populations, s'il y a lieu

« Quand une personne a été mordue par un chien enragé, dit M. le docteur Buis-
» son, il faut lui faire prendre sept bains de vapeur, un par jour, dit à la russe, de
« 57 à 63 degrés. C'est là le remède préventif. Quand la maladie est déclarée, il ne
« faut qu'un bain de vapeur, monté rapidement à 57 degrés centigrade, puis len-
« tement à 63 degrés; le malade doit se tenir bien enfermé dans sa chambre,
« jusqu'à ce qu'il soit complétement guéri.

« Voilà qui est très-explicite. A Dieu ne plaise que je conteste une assertion aussi
« formelle. Je voudrais seulement qu'elle pût devenir article de foi pour tous. Mais
« il n'en sera ainsi que quand l'expérience aura donné au fait sa précieuse sanction. »

s'en trouver à merveille, car nos troupeaux auront probablement à combler une partie des vides que le typhus opère si largement chez nos voisins d'outre-Manche.

Ici même, la cherté de tous les produits animaux, depuis les produits de basse-cour dont l'exportation pour l'Angleterre s'élargit sans cesse, jusqu'à la viande de boucherie dont la consommation s'étend chaque jour davantage, prouve l'insuffisance de notre bétail actuel. L'importation des animaux étrangers par le nord et par le nord-est de la France [1], celle des animaux algériens dans les départements du midi, rien n'arrête la hausse dont se plaignent les consommateurs. Peut-être un procédé qui permettrait de mieux conserver les viandes aujourd'hui perdues ou mal utilisées dans des contrées lointaines, aidera-t-il plus tard à la solution du problème. L'Amérique centrale, où le bœuf n'est estimé que pour sa peau, fournit à l'Angleterre et aux États-Unis des viandes salées dont ne veut pas la consommation française. On parle d'un procédé nouveau qui altérerait beaucoup moins la saveur de la chair [2]. Mais, en attendant la concurrence encore douteuse du procédé en question, le prix des viandes de boucherie dépasse la proportion que semble devoir établir le prix sur pied des animaux vendus par nos cultivateurs.

Les doléances de ces derniers ont retenti dans le sein de la Société impériale d'agriculture et y ont provoqué une longue discussion à la suite de laquelle fut émis le vœu:

« 1° Que tous les droits de surtaxe qui frappent les viandes abattues soient supprimés;

« 2° Que le marché de Poissy ne soit pas supprimé, et qu'au-

---

[1] On comprend sans doute que nous parlons ici des choses telles qu'elles se passent en temps ordinaire. Les mesures prises relativement au typhus causent aujourd'hui une perturbation anormale dont nous avons dû ne pas nous préoccuper, car elles ont un caractère et une influence essentiellement transitoires.

[2] « Le moyen, dit la *Science pour tous*, est d'une grande simplicité pratique. L'animal étant abattu d'un seul coup, on lui ouvre aussitôt la poitrine et le cœur est mis à nu. Dès que le sang cesse de couler, on introduit dans l'aorte une canule aboutissant, par un tube flexible, à un tonneau surélevé et rempli de saumure additionnée d'une petite quantité de nitrate de potasse. Par le seul effet de la pression le liquide pénètre dans le réseau des artères et des veines. Cette première opération, qui paraît avoir pour but de nettoyer les organes de la circulation, est accomplie en quatre ou cinq secondes pour un mouton, et en dix-huit ou douze pour un bœuf. Une seconde injection a lieu alors avec le même liquide auquel on ajoute un peu de sucre, d'acide phosphorique et quelques épices. Après trois quarts d'heure, l'animal, découpé en morceaux, est exposé à un courant d'air énergique pour être desséché. »

Ce procédé présente une certaine analogie avec ceux employés pour la conservation des bois. A le supposer bon, reste la difficulté provenant du goût sauvage des viandes dont il s'agit.

cun obstacle ne soit apporté à la création de marchés analogues ;

« 3° Que l'administration n'apporte aucune entrave à la multiplica-tion des ventes à la criée, et les favorise, au contraire, par tous les moyens dont elle pourra disposer. »

Il y a, dit la Société, lieu d'espérer que, moyennant ces libertés et ces facilités données au commerce de la boucherie, le transport par les chemins de fer des viandes abattues ne tardera pas à prendre une extension considérable, qui serait également dans l'intérêt des éle-veurs, des consommateurs des grandes villes et des habitants des campagnes. Ces vœux sont surtout relatifs au commerce de Paris ; mais l'importance de Paris et de ses marchés d'approvisionnement a fini par imposer au loin les prix qui lui sont particuliers ; et, sous ce rapport comme sous beaucoup d'autres, la grande ville dicte sa loi à toutes nos campagnes. Or, la boucherie n'est pas encore libre à Paris, quoi qu'on en prétende. Elle ne l'est pas, puisqu'on ne peut y vendre de la viande que dans un étal déclaré, en renonçant à joindre à ce commerce la vente de toute autre denrée, et en s'interdisant le colportage de cette marchandise. On comprend qu'une industrie ainsi réglementée ne soit pas très-accessible à la concurrence, et reste sous la domination du petit nombre de *chevillards* qui alimen-tent Paris.

La liberté vraie, et non pas une liberté que l'on proclame tout en l'annihilant sous une foule de règlements et d'ordonnances, telle serait, selon nous, la seule bonne solution du problème. Beaucoup de per-sonnes se préoccupent, à ce point de vue, du grand marché de bes-tiaux dont la ville de Paris vient de céder l'exploitation au Crédit agricole. Les promesses faites par le préfet de Seine-et-Oise, lors du dernier concours de Poissy, ont un peu rassuré les cultivateurs qui craignaient que l'ouverture du marché de la Villette ne devint com-promettante pour leur ancien marché. Espérons que ces promesses seront tenues, car la centralisation excessive, comme la réglemen-tation minutieuse, constitue le plus détestable procédé dont on puisse s'embarrasser. L'histoire de la Compagnie générale des voi-tures de place de Paris n'est-elle pas là pour montrer, avec bien d'autres exemples, que l'on fait toujours mal quand on supprime la libre concurrence ?

Les courses sont un jeu, et plus souvent une cause de ruine qu'une source de profits honnêtes ; le cheval de course n'est pas une bête agri-cole ; nous pouvons donc ne rien dire des victoires de Gladiateur. Nous pouvons aussi ne guère parler de la persistance avec laquelle l'admi-nistration des haras recommande aux préfets de redoubler d'efforts pour faire adopter partout les chariots à quatre roues, en remplacement des charrettes que M. le général Fleury poursuit de ses anathèmes. Nous sommes, en effet, convaincu que l'agriculture française fournira toujours à M. Fleury l'occasion d'aborder ce sujet de circulaire. Quatre roues coûtent plus cher que deux roues ; quatre roues ne se manœuvrent pas dans les ornières, dans les petits chemins à angles droits et dans les terres labourées aussi facilement que deux roues : enfin le cheval de labour, de roulage et de gros trait, eût-il même la robe grise que préfèrent certains consommateurs et que condamne M. le général Fleury, a sa raison d'être dans une foule de circonstances où le cheval léger constituerait une spéculation fort mauvaise. Ces divers motifs continueront à prévaloir contre l'administration des haras qui, du reste, est parfaitement dans son rôle quand elle se préoccupe avant tout du cheval propre à la remonte de nos troupes. Aussi avons-nous compris que, pour aider au but poursuivi par son administration, M. le général Fleury sollicitât de tous les Conseils généraux de l'Empire une allocation en faveur de la Société créée dans le Calvados en 1864-1865 pour l'amélioration du cheval de demi-sang. Cette société se propose d'obtenir, au moyen de primes de dressage, et surtout de courses au trot ou au galop avec obstacles, une amélioration dans l'élevage du cheval de service ayant du sang, c'est-à-dire de cette classe de produits qui alimente le luxe et le demi-luxe, aussi bien que les remontes militaires[1]. Seulement nous ne pouvons pas trouver mauvais que les départements où l'on ne s'occupe pas d'élever des chevaux de demi-sang aient fait la sourde oreille à une pareille demande.

L'intervention des haras dans nos concours hippiques pour y créer des médailles et des prix de maréchallerie a été une des bonnes nouveautés hippiques de 1865. Mais la nouveauté la plus intéressante, c'est bien certainement le mode de ferrure[2] proposé par un très-

[1] Une autre nouvelle société, dite *Société hippique française*, doit ouvrir à Paris, en avril prochain, un concours central de chevaux de selle et de chevaux d'attelage.

[2] Voici comment M. Friès a rendu compte dans le *Moniteur* du procédé de M. Charlier : « Cette invention consiste dans l'application méthodique d'une petite barre de fer ou d'acier, contournée sur plat, plus épaisse en pince qu'en talon, un peu plus large à sa face inférieure, dont le bord externe se projette légèrement en avant en pince et en mamelle pour lui donner plus de force dans ces parties et lui faire suivre l'inclinaison de la muraille. Cette barre, contournée suivant la forme du pied, est percée de quatre trous au plus, pèse moitié moins que le fer ordinaire, et s'adapte dans une rainure faite au pourtour du bord inférieur de la paroi, au moyen de clous anglais à lames courtes et déliées, implantés de bas en haut comme ceux des autres fers. Placé autour du sabot, courbé sur plat, et d'une épaisseur qui n'est pas assez forte pour résister aux mouvements de dilatation, ce fer est tout simplement une bordure plus résistante que celle dont la nature a fait les frais. Il remplace le bord inférieur de la muraille méthodiquement enlevé ; mais là s'arrête tout son effet, la surface plantaire du pied restant complétement libre et sans autre protection que

habile vétérinaire, M. Charlier, dont personne n'ignore le procédé de castration des vaches. La chose est trop récente encore pour en préjuger la valeur pratique ; elle peut être si utile que nous aurions eu tort de la passer sous silence.

Les propriétaires de bois n'ont pas seulement à lutter contre la concurrence que leur font, dans toutes les industries et dans beaucoup de localités, la houille, le coke et le gaz ; ils ont aussi à se préoccuper des projets de ventes de forêts poursuivis par notre administration financière. Il s'agissait, en 1865, d'aliénations de bois de l'État jusqu'à réalisation de cent millions de francs. On sait comment ce projet fut accueilli par l'opinion publique, et nos lecteurs ont sans doute encore présentes à l'esprit les nombreuses et concluantes objections résumées ici même[1]. Le projet de loi en question a dû être retiré, et aujourd'hui le gouvernement propose d'affecter les bois de l'État à une nouvelle caisse d'amortissement. Néanmoins, sous l'influence de ces menaces de vente, la valeur du sol forestier se maintient mal en France. C'est donc encore là toute une classe de propriétaires dont la situation devient pénible. L'avenir leur sera-t-il plus favorable? A vrai dire nous ne le croyons guère. Les besoins d'argent et le goût de travaux excessifs contre lesquels le pays prudent s'efforce de réagir sont trop puissants pour ne pas l'emporter tôt ou tard, et alors sera consommée la vente dont on se préoccupe. Supposons que cette grande aliénation de forêts puisse être évitée, les producteurs de bois n'auront-ils pas à compter un jour avec la concurrence des repeuplements entrepris de tous côtés et que l'administration actuelle peut à bon droit revendiquer avec orgueil comme résultat de la loi de 1860 ? En procédant à ces repeuplements l'administration agit avec sagesse ; mais elle n'améliore pas pour l'avenir les intérêts des propriétaires du sol forestier.

Les intérêts dont il s'agit sont loin de nous trouver indifférents. Dans tous ces projets de ventes de bois une chose nous frappe cependant davantage, et nous voulons la dire franchement à nos lecteurs. Ce qui manque à l'agriculture, ce qui manque à la France, ce n'est pas le terrain ; et l'*Exposé de la situation de l'Empire* nous en fournit la preuve en déclarant que l'étendue des défrichements dans les bois des particuliers tend à diminuer. L'étendue des terres en labour

la corne conservée dans son intégrité. Essayée sur des chevaux de cultivateurs et sur un certain nombre de chevaux de la Compagnie impériale des voitures de Paris. la ferrure Charlier a donné d'excellents résultats.

[1] *Le Correspondant*, n° du 25 mai 1865.

serait plutôt trop forte, eu égard aux ressources dont on dispose. Les bras, l'engrais, le capital d'exploitation, voilà ce qui fait vraiment défaut. Or, à quoi aboutissent en fin dernière les ventes et les défrichements de forêts, si ce n'est à l'extension du sol arable? Ah! si la bonne qualité des terrains occupés par les bois, si la densité et la richesse des populations voisines nous permettaient d'espérer voir établir de gais vergers, de féconds jardins, des champs productifs là où grandissent aujourd'hui le chêne et le hêtre, certes nous n'hésiterions pas à applaudir les projets de M. Fould. Mais, que le public impartial veuille bien examiner ce que deviennent, en général, les bois défrichés, et qu'il se prononce.

Les forêts, d'ailleurs, jouent dans l'économie rurale un rôle tel que nous ne voyons jamais leur suppression sans grande inquiétude. En dehors de l'influence exercée par nos forêts sur le régime des sources[1], n'y a-t-il pas la question du travail d'hiver? C'est pendant la mauvaise saison que le travail manque ordinairement dans les campagnes, et cette fâcheuse intermittence est elle-même pour quelque chose dans la préférence que nos ouvriers accordent à la vie industrielle. C'est justement pendant la mauvaise saison que les forêts ont le plus besoin de main-d'œuvre pour l'exploitation de leurs coupes et pour la préparation de leurs repeuplements. Aussi nous effrayons-nous à tous les points de vue des projets de ventes énoncés en 1865, quoique l'administration forestière n'ait pas peu contribué pendant ces dernières années à surelever le taux de la main-d'œuvre en traitant avec une générosité excessive, du moins dans plusieurs départements, les ouvriers dont elle a eu besoin.

Ce sont toujours nos producteurs de vins qui jouissent du sort le plus heureux. Abondance et qualité des récoltes, prix assez beau malgré une certaine baisse; il n'est pas jusqu'à la diminution des ravages de l'oïdium qui ne semble leur garantir la continuation du succès. Encore vient-on, pour surcroît de bonheur, de leur inventer une soufreuse à cheval dont le travail a été trouvé excellent par la

---

[1] Cette influence n'est pas jugée la même par tous les hommes qui ont voulu l'étudier. Dans le mois de mai 1865, M. Becquerel a lu devant l'Académie des sciences un mémoire fort remarqué dont les conclusions se montrent favorables à la conservation des forêts. A propos de ce mémoire, M. le maréchal Vaillant écrivit une lettre, rendue publique par la *Revue des Eaux et Forêts*, et dans laquelle le savant ministre, arguant de la transpiration qui s'effectue par les feuilles des arbres, exprime son désir de voir étudier l'action des forêts « au point de vue spécial du desséchement du sol qu'elles recouvrent et de l'appauvrissement qui peut en résulter pour les sources. »

Société d'agriculture de la Gironde et qui diminue dans une proportion considérable les frais du soufrage. Un traité de commerce récemment conclu avec les Pays-Bas a fait réduire aussi les droits de
consommation auxquels nos vins étaient soumis dans ce royaume.

Les viticulteurs que cette prospérité enrichit auraient cependant
tort de se laisser aller à une confiance absolue. L'avenir peut être
bientôt pour eux moins beau que le présent. Beaucoup de pays étrangers sont encore tributaires de nos vins. Ils les aiment et les achètent cher. Mais combien y a-t-il de pays neufs où l'on essaye en ce
moment la culture de la vigne? La Californie, et plusieurs autres
contrées avec elle, réalisent de grands progrès dans l'art de soigner
les vignes et de préparer les vins. Il est donc probable que le vin de
France, quels que soient son arome et ses qualités, finira par trouver
dans les rivaux qui surgissent à l'horizon une concurrence dont il
faut se préoccuper. Nos meilleurs crus de Bordeaux et de Bourgogne
resteront, j'en suis convaincu, les premiers vins du monde. Ce n'est
pas pour eux que la concurrence est à craindre. Le danger menace
nos produits de second et de troisième ordre, c'est-à-dire nos produits les plus abondants.

Dans les localités où l'industrie viticole prospère, les plantations
prennent un développement déraisonnable qui aura tôt ou tard le
double tort d'offrir à la consommation plus de vin que n'en demande
celle-ci et surtout un vin dont les qualités médiocres nuiront à la
réputation et par suite à la vente des récoltes de tout le voisinage.
J'ai vu en 1865, dans des départements dont les produits jouissent,
à bon droit, d'une certaine faveur, la vigne s'implanter à des hauteurs et à des expositions où elle ne pourra jamais fournir que de
très-mauvais vins. La tentation est grande, je l'avoue, quand sur
l'autre versant, ou un peu au-dessous de soi, les vendanges atteignent un prix de vente excessif; mais le Midi peut déjà témoigner
que les vins communs ne se placent pas toujours facilement. Les
propriétaires des sept départements frappés par la suppression du
vinage en franchise de droit, ceux de l'Hérault surtout, savent maintenant que la bonne qualité vaut souvent mieux que la grande
quantité.

Le vinage finira-t-il par être accordé à tout le monde sous la redevance d'un faible droit, vingt francs par hectolitre d'alcool employé,
ou un autre droit analogue? La chose est très-possible. Elle est à
l'étude. Du reste cette mesure serait approuvée par beaucoup de personnes, car elle tendrait à faciliter l'exportation d'un plus grand
nombre de nos vins et elle diminuerait la concurrence que la vigne
fait aujourd'hui à la betterave dans la fabrication des alcools.

Il a été question en 1865 d'assurer la conservation des vins, leur amélioration même, en recourant à un agent plus économique que l'alcool, la chaleur. Les communications faites à l'Académie des sciences par M. Pasteur permettent de supposer que cet immense résultat pourra être obtenu pratiquement avec l'aide de la chaleur solaire. Une opinion très-affirmative sur ce curieux sujet serait sans doute imprudente; mais les expériences de M. Pasteur semblent jusqu'ici assez concluantes pour espérer les voir aboutir à un procédé industriel dans le midi de la France.

La récolte des olives a été nulle ou presque nulle. Voilà donc encore une catégorie de propriétaires qui ont eu fort à se plaindre de l'année 1865. Quant aux cultivateurs du Nord, ils se plaignent du bas prix des betteraves, dont la récolte a été abondante et dont les qualités saccharines sont fort remarquables. Ils se plaignent aussi du mauvais succès de leur culture de lin.

Nous avions signalé avec plaisir, l'an dernier, l'ouverture de quelques chemins de fer vicinaux.

Pour une superficie de 534,504 kilom. carrés, soit 53,450,400 hectares comprenant 37,129,356 habitants, la France possède déjà :

58,262 kilomètres de routes impériales ;

47,852 kilomètres de routes départementales ;

81,429 kilomètres de chemins vicinaux de grande communication ;

78,402 kilomètres de chemins d'intérêt commun ;

567,887 kilomètres de chemins ordinaires ;

21,000 kilomètres de chemins de fer concédés ;

5,000 kilomètres de rivières ou de parties de rivières flottables en train ;

9,600 kilomètres de rivières navigables.

et 4,800 kilomètres de canaux ou de rivières assimilées aux canaux.

Cela est cependant loin de suffire à nos besoins. Il ne faut donc pas s'étonner si, même avant l'adoption de la loi du 12 juillet dernier qui détermine les règles auxquelles doivent être soumis les chemins de fer d'intérêt local, beaucoup de départements ambitionnaient la création d'un réseau qui leur fût propre. Il ne faut pas s'étonner non plus que, dans notre pays, ces projets-là aient été abordés avec plus d'ardeur que de mesure.

En Alsace, où il n'y a pas de travaux d'art à exécuter, chaque kilomètre de chemin de fer vicinal a coûté 117,000 fr. Or, en Alsace, on trouve pour subvenir à ces frais une foule de riches industriels et une foule de communes propriétaires de forêts dont elles tirent de très-abondants revenus. L'État, qui n'avait pas encore à répondre à toutes les demandes qu'on lui adresse aujourd'hui, a pu également se montrer là plus généreux qu'il ne pourra le faire ailleurs. Enfin, le trafic de marchandises sur lequel on doit compter dans l'exploitation des lignes alsaciennes est un trafic important. Bien des départements où l'on n'a de pareilles ressources, ni pour le présent, ni pour l'avenir, se sont préoccupés, en 1865, de chemins de fer vicinaux. Non-seulement nous n'estimons pas tous ces projets réalisables, mais nous croyons que, sauf dans certaines localités particulièrement riches et industrielles, on ferait mieux de penser aux chemins ruraux et à la petite vicinalité qui sont le plus directement et le plus fréquemment utilisés par l'agriculture.

Il serait, d'ailleurs, assez imprudent de construire à grands frais des chemins de fer d'intérêt local, quand on peut regarder comme prochaine l'application de la vapeur au roulage sur les routes ordinaires. La voiture à vapeur que l'on a vu fonctionner sur le quai d'Orsay et dont les essais ont été poursuivis jusque dans la banlieue de Paris, a fait pendant plusieurs semaines un service régulier entre Nantes et Clisson. Je l'avais déjà rencontrée au concours de Rennes, en 1863, conduisant sur le champ d'épreuve et par des chemins fort difficiles une défonceuse qu'elle remorquait. Voilà, selon nous, ce qui sera préférable à un chemin de fer vicinal dans la plupart des circonstances. Aussi souhaitons-nous à M. Lotz, ou à tout constructeur dont la voiture vaudra mieux encore, un prompt et un grand succès.

Certains faits heureux sont à signaler relativement au commerce des engrais artificiels qui préoccupent toujours notre agriculture. La commission chargée de l'enquête sur ce genre d'industrie a publié le volume où sont consignées les dépositions reçues par elle. En attendant les conséquences pratiques de cette enquête, la publication dont il s'agit est déjà quelque chose. La Seine-Inférieure, les Deux-Sèvres, et plusieurs autres départements ont vu s'établir chez eux, grâce au concours de leur administration, des laboratoires de chimie agricole qui rendront aux cultivateurs de ces contrées les plus utiles services. Un traité de commerce, conclu entre la France et les royaumes unis de Suède et de Norwége, exempte de tous droits à leur entrée en France les engrais de poissons que les pêcheries de Norwége commencent à fournir et fourniront plus tard, il faut l'espérer, en quantités beaucoup plus grandes. Enfin, l'arrangement relatif au guano du Pérou, signé en 1864, ayant été ratifié en 1865, le prix de cet engrais et celui de tous les autres guanos a subi une légère réduction, dont le chiffre sera, sans aucun doute, rendu plus sensible par la loi à venir sur la marine marchande.

Tout importante que soit pour l'agriculture française cette question des engrais, les lecteurs du *Correspondant* nous permettront de nous en tenir au peu de mots qui précèdent. Ils nous permettront d'aborder avec le même laconisme les autres détails dont nous devons les entretenir encore; car la force des choses nous oblige, cette année, à laisser à la situation économique de notre industrie rurale plus de place que n'en comporte ordinairement une rapide revue. Il faut donc abréger ce qu'il nous reste à dire.

Les concours régionaux de 1865 ont été moins brillants que ceux des années précédentes. On y a exposé moins d'animaux, moins d'instruments et moins de produits. L'administration avait exclu des concours les engrais et amendements « par suite de l'impossibilité « où se trouve le jury d'apprécier pendant la durée de l'exposition « la valeur de ces matières. » Cette mesure trop absolue et qui, si elle était appliquée avec rigueur, devrait frapper plus d'une catégorie d'exposants, a dépassé son but. Il suffirait, selon nous, d'obliger les marchands d'engrais à joindre à leurs échantillons une analyse et des certificats d'essais opérés, soit dans une école d'agriculture, soit dans un autre établissement public. En tous cas, l'absence des engrais a un peu aidé au ralentissement que nous signalons. Le caractère français, qui se lasse même des meilleures choses, et la gêne actuelle de l'agriculture y ont eu également leur part. Mais nous croyons être dans le vrai en supposant aussi que le nombre des grands propriétaires faisant valoir eux-mêmes leurs domaines a diminué depuis quelque temps dans une certaine proportion. Les causes de dégoût énoncées dans le cours de notre revue ont éloigné plusieurs d'entre eux de l'industrie rurale ; or, tout le monde sait que ces hommes-là contribuent pour une forte part à l'activité de nos concours. Il convient néanmoins d'attendre avant de hasarder sur ce sujet une appréciation définitive.

Ce que nous savons dès à présent à propos des concours régionaux et ce que nous pouvons louer d'avance, c'est la résolution de publier enfin les rapports faits par les divers jurys de la prime d'honneur. Il paraît même que l'on serait disposé à insérer dans cette publication les rapports des années antérieures. On comprendra le plaisir avec lequel nous enregistrons une telle mesure, car nous la réclamions en étudiant dans *le Correspondant* [1] l'histoire et l'organisation

----

[1] N° du 25 juin 1864.

des concours agricoles. La division en plusieurs primes de la prime d'honneur, actuellement décernée à un seul cultivateur du département où se tient le concours régional, nous semble également devoir s'imposer plus tard à l'administration de l'agriculture. L'impossibilité où l'on se trouve souvent de bien comparer entre elles plusieurs fermes dont le sol, le climat, les ressources financières et les débouchés n'ont rien de commun, finira selon nous par rendre cette réforme nécessaire. Certaines attributions de primes d'honneur avaient déjà soulevé de regrettables discussions. Cette année, une polémique analogue, mais dont le lauréat n'a pas eu à souffrir, s'est produite à propos du concours dans le département des Landes. L'opinion publique ne demande pas encore avec nous la division des primes d'honneur, mais nous en appelons à l'avenir.

Au concours de Poissy de 1865, on a remarqué la sévérité plus grande montrée par le jury en excluant certains animaux dont l'âge n'avait pas été exactement déclaré ou qui « ne présentaient pas les « caractères de race pure exigés par l'arrêté ministériel. »

Nous avons aussi à rappeler, comme nouveautés de 1865, le concours international de fromages que l'administration de l'agriculture avait adjoint au concours général de volailles grasses, et l'exposition d'insectes que la Société d'apiculture avait organisée en août dernier au palais de l'industrie. L'idée mise à exécution par la Société d'apiculture est particulièrement heureuse; car, depuis un certain nombre d'années, nous voyons très-malades des insectes utiles comme les vers à soie, et très-vivants, très-prolifiques, très-menaçants au contraire, une foule d'insectes nuisibles comme ceux qui attaquent la betterave [1], les hannetons [2] et beaucoup d'autres.

Le vent tourne aux congrès, aux concours, aux expositions, en un mot à tout ce qui peut assurer le progrès par la libre et pacifique discussion des idées et des intérêts de chacun. Il est inutile de dire la joie que nous fait éprouver cette tendance aujourd'hui presque universelle. En France, nous avons eu, dans cet ordre de faits, la convocation d'un congrès vinicole à Mâcon, un congrès pour l'étude des fruits à cidre en Normandie, une exposition de vins, eaux-de-vie et vinaigres à Angoulême, et plusieurs autres réunions qu'il serait trop long de signaler toutes.

[1] Les ravages exercés sur la betterave, dans le nord de la France, par certains insectes ont été assez considérables pour nécessiter l'envoi d'un entomologiste bien connu, M. Blanchard, que l'administration a chargé d'études suivies relatives à cette nouvelle cause de dégâts.

[2] Les ravages des hannetons ont été très-actifs et fort étendus pendant le cours de 1865. Aussi la Société d'agriculture de Compiègne s'occupe-t-elle depuis quelques mois d'étudier le hanneton sous ses différentes formes et de rechercher les moyens à employer pour combattre ce terrible insecte.

Il est vrai, des motifs que nous ne connaissons pas ayant fait interdire le congrès de Mâcon, les viticulteurs qui tenaient à s'entendre sur leurs intérêts communs ont dû recourir à l'hospitalité de la ville de Genève. Ces divers efforts, même ceux rendus inutiles, n'en prouvent pas moins les aspirations actuelles ; et nous croyons pouvoir nous en féliciter.

Mais, ce qui a préoccupé davantage encore l'esprit public pendant le cours de la précédente année, c'est l'annonce pour 1867 d'une exposition universelle dont l'organisation permet d'augurer toutes sortes de merveilles. Il est malheureusement possible que la crainte du typhus n'oblige à restreindre beaucoup, en ce qui concerne nos races d'animaux domestiques, les développements promis tout d'abord à cette exposition.

Nous venons d'exposer la situation vraie de notre agriculture. Nous venons de dire aussi quel semblait être son avenir. On le voit : la situation actuelle est extrêmement douloureuse, l'avenir grave pour un grand nombre de cultivateurs, menaçant pour certains d'entre eux, menaçant surtout pour beaucoup de propriétaires. On aurait tort, néanmoins, de ne pas conserver quelque espoir. La France a en elle-même assez de forces pour se relever de ses souffrances et pour sortir plus riche des épreuves qui lui ont été suscitées trop brusquement et en trop grand nombre à la fois.

Certes le gouvernement manifeste en faveur de la cause agricole un bon vouloir évident. Cependant nous n'attendons le salut, ni d'un exemple de quelque part qu'il vienne, ni d'une mesure administrative quelle qu'en soit la sagesse ou l'opportunité. On pourra finir par promulguer le fameux code rural dont il est question depuis si longtemps, et en appliquer les divers articles mieux qu'on n'applique aujourd'hui plusieurs lois mort-nées, comme celle relative à l'échenillage. On pourra, si l'on ne trouve pas encore suffisant le nombre de nos ministres et le monde de nos fonctionnaires, créer le ministère spécial de l'agriculture que réclament certains esprits naïfs. On pourra finir, comme il serait juste de le faire, par convoquer le Conseil général de l'agriculture dont il n'est plus question depuis quatorze ans. Rien de tout cela ne doit suffire seul à relever nos cultivateurs, dont l'initiative et l'énergie ont besoin de concourir à leur propre salut. Le succès ne se décrète pas, il ne se codifie pas, il s'acquiert laborieusement par un effort viril des intéressés eux-mêmes. Or, si nos fermiers et nos propriétaires veulent bien profiter des latitudes ouvertes devant eux par la loi sur les associations syndicales votée dans notre session législative de 1865, ils ne tarderont pas à sortir de la crise actuelle. Je ne sais si je me trompe ; mais, à mes yeux, le germe de tout notre avenir se trouve dans cette loi bienfaisante qui permettra sans doute maintenant aux voisins de s'entendre, de combiner leurs efforts, et même de se procurer les avances dont ils peuvent avoir besoin pour fertiliser la terre.

La loi sur les associations syndicales ne doit pas, d'ailleurs, réagir seulement sur nos intérêts matériels. Elle amènera, tôt ou tard, un résultat moral en vue duquel nous la recommandons de toutes nos forces aux cultivateurs et aux propriétaires. Dans le but de favoriser le développement des associations syndicales et celui des sociétés coopératives, l'empereur vient de décider « que l'autorisation de se « réunir sera accordée à tous ceux qui, en dehors de la politique, « voudront délibérer sur leurs intérêts industriels ou commerciaux, « Cette faculté ne sera limitée que par les garanties qu'exige l'ordre « public. » Usons donc tous, propriétaires, fermiers et ouvriers, des facultés nouvelles qui nous sont ouvertes ; car les sociétés coopératives et les associations syndicales, en rapprochant, en dirigeant vers un but commun des intérêts et des individualités habitués jusqu'alors à un isolement funeste, apprendront aux campagnes à compter sur elles-mêmes, à solliciter moins souvent l'appui de l'administration, à mieux s'entendre sur tout ce qui peut concerner leur avenir ; et parmi les choses qui sont principalement à souhaiter pour les campagnes figure tout d'abord la décentralisation.

On parle volontiers aujourd'hui de décentralisation et l'on aura bien raison d'en poursuivre l'avènement véritable. Comment, en effet, attirer vers la vie rurale les hommes riches, instruits, intelligents dont nos campagnes ont tant besoin, si la commune, le canton, le département — ce que nos démocrates *mâtinés* d'absolutisme bafouent du nom de clocher, — si toutes ces sociétés particulières et très-distinctes de l'État n'ont pas une activité propre et plus indépendante qui intéresse et qui retienne leurs membres ?

C'est peut-être en France que la vie rurale sérieusement pratiquée est le moins en honneur, je ne dis pas dans les discours de parade, mais dans les goûts et les habitudes de certaines familles. A quoi tient cette infirmité, si ce n'est à notre excessive centralisation ? Il ne faut parler ni de l'Espagne ni des provinces italiennes où le manque de sécurité a rendu indispensable l'agglomération des habitants dans les villes. Partout ailleurs, autour de nous, le moindre développement de la centralisation administrative explique et motive la plus fréquente habitude de la vie rurale parmi les classes aisées et je ne sache pas que l'agriculture de nos voisins se trouve mal de cet état de choses.

C'est Louis XIV qui, avec le faste de sa cour et l'influence de son règne, a commencé à tuer en France le goût de la vie rurale. Depuis lors, ce goût a décru d'autant plus que notre système de centralisation s'est resserré davantage. Il serait bien temps d'obvier aux dangers créés par ces tendances. Les bonnes mœurs se perdent dans nos campagnes. La pureté, la subordination, l'amour du travail, la fidélité y deviennent de plus en plus rares. Aujourd'hui les ouvriers agricoles valent moins que ceux des villes, car ils en ont pris tous les défauts sans avoir leur générosité et leur intelligence. Le prêtre travaille à les relever, sans pouvoir suffire à sa tâche. Que de riches habitants des villes viennent donc contribuer à cette œuvre en apportant à nos campagnes, avec le concours de leurs capitaux et de leur instruction, le bon exemple encore plus utile d'une vie pure, indépendante et digne !

PARIS. — IMP. SIMON RAÇON ET COMP., RUE D'ERFURTH, 1.

www.ingramcontent.com/pod-product-compliance
Lightning Source LLC
LaVergne TN
LVHW010504060726
842527LV00005B/1865